Clemens Wett

Naturwissenschaftliche Studie über die Synthese von Gold

Beispiel einer Element Synthese

GRIN Verlag

Bibliografische Information der Deutschen Nationalbibliothek:

Die Deutsche Bibliothek verzeichnet diese Publikation in der Deutschen National-
bibliografie; detaillierte bibliografische Daten sind im Internet über http://dnb.d-
nb.de/ abrufbar.

Impressum:

Copyright © 2011 GRIN Verlag, Open Publishing GmbH
Druck und Bindung: Books on Demand GmbH, Norderstedt Germany
ISBN: 978-3-640-94138-4

Dieses Buch bei GRIN:

http://www.grin.com/de/e-book/173325/naturwissenschaftliche-studie-ueber-die-
synthese-von-gold

GRIN - Your knowledge has value

Der GRIN Verlag publiziert seit 1998 wissenschaftliche Arbeiten von Studenten, Hochschullehrern und anderen Akademikern als eBook und gedrucktes Buch. Die Verlagswebsite www.grin.com ist die ideale Plattform zur Veröffentlichung von Hausarbeiten, Abschlussarbeiten, wissenschaftlichen Aufsätzen, Dissertationen und Fachbüchern.

Besuchen Sie uns im Internet:

http://www.grin.com/

http://www.facebook.com/grincom

http://www.twitter.com/grin_com

Naturwissenschaftliche Studie über die Synthese von Gold

Literatur

Holleman Wiberg, Lehrbuch der Anorganischen Chemie, Verlag Science

Gerthsen Gneser, Physik, Springer Verlag

Handbook of Chemistry and Physics, CRC Press, Isotopen Tabelle

J. Gmelin, Lehrbuch der Technischen Chemie, das Standardwerk

W. Putz, Elektrotechnik und Kerntechnik, Reinbeck, Rowolt Verlag

Röhrdanz, Karlheinz, Kerntechnik, Vogelverlag Würzburg

Inhalt

Vorwort

1. Formel für die Gold Herstellung

2. Synthesewege

3. Syntheseweg für größere Mengen

4. Anleitung zum Bau einer Anlage, mit konkreten physikalischen und technische Daten

5. Gründe für einen finanziellen Gewinn aus der Goldsynthese

6. Bedeutung der Arbeit für andere Forschungsbereiche

7. Philosophische Betrachtungen

Vorwort

Der Artikel beschreibt *die* Methode, gewinnbringend Gold synthetisch und in größeren Mengen herzustellen. Bei einem Goldpreis je Feinunze von inzwischen über 1500 Dollar wäre es ein lukratives Geschäft, und das geht ohne Atomkraftwerke. Über die Gefahren dieser Anlagen siehe www.everyoneweb.de/quarkorbitals

1

1. Formel für die Gold Herstellung

a. Das Quecksilber Isotop Hg-196 reagiert mit thermischen Neutronen zu Hg-197^m:

$$_{80}Hg^{196} + n_{th.} \rightarrow {}_{80}Hg^{197m}$$

b. Das Quecksilberisotop Hg-197^m zerfällt mit einer Halbwertszeit von 24 Stunden (γ-Strahler) zu dem Isotop Hg-197. Halbwertszeiten folgen dem Gesetz des natürlichen Logarithmus: Nach zehn Halbwertzeiten ist die Reaktion umgesetzt.
Zerfallsreaktion, Dauer 10 Tage:

$$_{80}Hg^{197m} \rightarrow {}_{80}Hg^{197} + \gamma$$

c. Das Quecksilberisotop Hg-197 zerfällt mit einer Halbwertszeit von 65 Stunden zu dem Goldisotop Au-197^m, das heißt nach 650 Stunden ist die Reaktion vollständig umgesetzt:

$$_{80}Hg^{197} + \beta^- (E.C.) \rightarrow {}_{79}Au^{197m}$$

d. Dieses radioaktive Gold Isotop zerfällt mit einer Halbwertszeit von 7,2 Sekunden zu dem einzig stabilen Goldisotop Au-197, in 72 Sekunden ist die Reaktion beendet:

$$_{79}Au^{197m} \rightarrow {}_{79}Au^{197} + \gamma$$

Insgesamt zerfällt das Isotop Hg-197 durch Elektroneneinfang (E.C., Elektron Capture) in einem Monat vollständig zu Au-197. Das Produkt ist von natürlichem Gold nicht zu unterscheiden, es enthält kein radioaktives Gold.

Formel für die Transmutation:

$$_{80}Hg^{196} (n, \gamma) \; {}_{80}Hg^{197} (E.C., \gamma) \; {}_{79}Au^{197m} \rightarrow {}_{79}Au^{197} + \gamma$$

2. Synthesewege

Es gibt mehrere Synthesewege für eine Goldherstellung!

a. Ausgangspunkt ist die mittelalterliche Alchemie:

In der Alchemie gab es viele merkwürdige Experimente, deren Versuchsvorschriften größtenteils verschlüsselt und unverständlich sind, viele sind verlorengegangen.
Die Goldherstellung war natürlich ein ausgemachter Betrug. Interessant ist allerdings die Idee, aus Quecksilber Gold herstellen zu können, was folgendermaßen funktioniert haben könnte:

Nimmt man ein Beryllium haltiges Material (z.B. das Mineral Beryll) in Verbindung mit Pechblende, oder anderen Uranmineralien (es geht auch mit dem Element Thorium), sind Neutronen verfügbar.

Erste mögliche Reaktion mit Beryllium:

Formel: Be-9 (γ, $n_{th.}$) 2 He

Die γ-Bestrahlung eines Beryllium Minerals mit Pechblende erzeugt thermische Neutronen.

Zweite mögliche Reaktion mit Beryllium:

Formel: Be-9 (α, n) C-12

Mit schwerem Wasser als Neutronenmodulator erzeugt man thermische Neutronen.

Das mehrfache Destillieren von Wasser über längere Zeiträume führt zur Anreicherung von schwerem Wasser. Es wurde in der mittelalterlichen Alchemie praktiziert. Werden Quecksilber oder dessen Mineralien mit thermischen Neutronen bestrahlt, entsteht Gold in kleinsten Mengen. Ob das jemals gemacht wurde ist unbekannt. Wenn ja, wird das niemanden aufgefallen sein: es entsteht aus dem Isotopengemisch des natürlichen Quecksilbers nur 0,146% Gold, welches im unsichtbaren Mengenbereich liegt. Natürlich hatten die Alchemisten keine Ahnung von Kernchemie oder von Elementarteilchenphysik.

Literaturhinweis: Helmut Gebelein, Alchemie, Hugendubel Verlag, München, 2000, auch in Diederichs Gelbe Reihe. Im Anhang ist eine große Liste über die umfangreiche Literatur der Alchemie zu finden.

In Forschungslaboratorien wird Beryllium einem α-Strahler ausgesetzt, in einem größeren Gefäß mit schwerem Wasser, um so mit thermischen Neutronen ein Reagenz für kernchemische Reaktionen zu haben. Die Reaktion lässt sich im Labor durchführen, das Gold wird über die γ-Strahlung des Au-197^{m} im Gamma-Spektrometer bei 409 KeV nachgewiesen.

Für eine großtechnische Anwendung ist Beryllium zu teuer.

b. Elementarteilchenbeschleuniger: Die erzielten Mengen sind zu gering. In den 70'igern gelang die Veredelung von Gold zu Iridium mit pi-Mesonen, allerdings nur mit ein paar Atomen.

c. Die Anlagerung von Protonen ginge von Platin oder Iridium aus, diese Elemente sind teurer und auch edler als Gold.

d. Sonnenwind: Die Reaktionen von Schnellen Protonen im Weltraum sind theoretisch interessant, Versuche im Weltraumlabor sind möglich, aber zu teuer.

e. Die Abspaltung von Protonen mit schnellen Neutronen aus Quecksilber oder die Abspaltung von alpha und omega Quark Orbitalen mit schnellen Protonen oder Neutronen bei den Elementen Thallium, Blei oder Wismut, müsste erst erforscht werden, die Energiepreise für die Erzeugung von schnellen Elementarteilchen sind zu hoch, und die Mengen sind zu gering.

f. Fusionsreaktor: Im Schwerionenbeschleuniger entsteht zu wenig Material.

g. Kernspaltung: Bei der Aufbereitung ist das Kosten/Nutzen Verhältnis bisher negativ.

Thermische Neutronen sind bisher die einzige Möglichkeit für die Synthese größerer Mengen. In den 1960igern wurde das aus Quecksilber isolierte Isotop Hg-196 einer Neutronenquelle (Uran Meiler) ausgesetzt, und das Gold thermisch isoliert. Die Kosten waren höher als der Gewinn bei dem damaligen Goldpreis.

Schlussfolgerung:

3. Syntheseweg für größere Mengen:

Die Neutronenquellen:

-Es gibt in Universitäten und Fachhochschulen jede Menge kleine Forschungsreaktoren.
-Spezielle Forschungseinrichtung: das „Neutronen Ei" in Bayern.
-Eine weitere Neutronenquelle ist der Atommüll: Müllrecycling. Der Inhalt der Castor Behälter sind Glaskugeln, eine bestimmte Sorte produziert einen ausreichenden Neutronenfluss.
-Atommeiler sind eine kostenintensive, und im Stand by Modus eine kostenlose, aber gefährliche Neutronenquelle. Die Rohstoffreserven dafür (Uran und Thorium) sind voraussichtlich in 40 Jahren erschöpft.

Um gewinnbringend größere Mengen Gold herzustellen, kann auf die Isolierung des Quecksilberisotops Hg-196. verzichtet werden. Dieser Schritt wäre zu kostenintensiv durch 1. zu hohen Energieverbrauch und 2. einer weiteren Komponente in der Anlage.

Wird natürliches Quecksilber, ein Gemisch mehrerer Isotope, einer Neutronenquelle ausgesetzt, entstehen abhängig von der Dauer der Bestrahlung und mit mehrfachem Neutroneneinfang neben Gold die Metalle Thallium, Blei und eventuell Wismut.

Formel für die Reaktionen:

Der Umbau der Quark Orbital Kombinationen

Bei einer längerer Neutronen Bestrahlung laufen mehrere Reaktionen ab:

Hg-196: 22 alpha + 18 omega (n, γ) → (β⁻, γ) Au-197: 20 alpha + 19 omega + epsilon

Quecksilber + n $_{th.}$ → andere Quecksilber Isotope→ Thallium → Blei → Wismut

→ x mal (n,γ) Bi-209: 20 alpha + 21 omega + epsilon

Das letzte Element im Periodensystem ist das einzige stabile Isotop Bi-209. Weiter gehen die Reaktionen nicht. Die nächsten Elemente sind die radioaktiven kurzlebigen Zerfallsprodukte des Urans.

Die Nebenprodukte:

weitere Isotope von a. Quecksilber, b. Thallium, c. Blei und d. Wismut in geringen Mengen.

a. Die relevanten Quecksilber Isotope:

mit prozentualem Anteil % des natürlichen Vorkommens, und Neutroneneinfangquerschnitt b:
Hg-196: 0,146%, 120b;
Hg-198: 10.02%, 0.02b; Hg-199: 16.84%, 2000b; Hg-200: 23.13%, 60b;
Hg-201: 13.22% , 200b; Hg-202: 29.8%, 4.9b; Hg-204: 6.85%, 0,4b . Daraus entstehen die stabilen Quecksilber Isotope mit der Isotopennummer X + 1, neben Hg-197 sind das die natürlichen stabilen Isotope:

Hg-198 + n: Hg-199, Hg-199 + n: Hg-200, Hg-200 + n: Hg-201 und Hg-201 + n: Hg-202.

b. Die Reaktionen der instabilen Isotope des Quecksilbers zum Thallium:

Hg-202 + n: Hg-203 → β⁻ + Tl-203, H.W.Z der Zerfallsreaktion: 46,57 Tagen

Hg-204 + n: Hg-205 → β⁻ + Tl-205, H.W.Z der Zerfallsreaktion: 5,5 min

Es entstehen die stabilen natürlichen Thallium Isotope.

Das langlebigste radioaktive Thallium Isotop ist das Tl-204, und kann aus Hg-203 durch Neutronen Einfang entstehen. Es hat eine Halbwertszeit von 3,8 Jahren, und ist nach 38 Jahren zu dem stabilen Quecksilber Isotop Hg-204 zerfallen.

Weiterer Abbau Weg: Tl-204 + n → Tl-205.

c. Andere störende Nebenprodukte können durch längere Neutronen Bestrahlung entstehen.

Die langlebigen radioaktiven Isotope mit Halbwertszeiten in Jahren y sind:

Hg-200 + n → Tl-201 (H.W.Z.: 73h)+ n → Pb-202: 3x10exp5y;
Hg-203 → Tl-204 + n → Pb-205: 3x10exp7y.

d. Durch mehrfachen Neutronen Einfang der Blei Isotope können neben dem stabilen Wismut die langlebigen Isotope des Wismuts Bi-208 und Bi-201^m nicht anfallen.

Grund: Die Reaktionsschritte mit Pb-205 gehen über die stabilen Blei Isotope (206-208) zum Wismut-209:

Pb-205 + n → Pb-206 + n → Pb-207 + n →Pb-208 + n → Pb-209

Zerfall des instabilen Blei Isotops:

Pb-209 → Bi-209 + β⁻, H.W.Z der Reaktion 3,3h. Die Abbaureaktion des Pb-205.

Weitere Reaktionen:

Die Abbaureaktion des Pb-202 geht nach der Formel:

Pb-202 + n → Pb-203. Das zerfällt mit einer H.W.Z von 52,1h unter E.C. zu dem stabilen Isotop Tl-203.

Alle anderen Isotope haben Halbwertszeiten im Tages-, Stunden-, Minuten-und Sekundenbereich und sind nach 1 Monat verschwunden.

Das langlebigste Quecksilber Isotop ist das Hg-194, mit einer Halbwertszeit von 1,9 y, und das entsteht nicht.

Die Mengen an Nebenprodukten lassen sich durch optimalen Neutronenfluss und Bestrahlungsdauer reduzieren. Die Mengen an radioaktivem Müll könnten gegen null reduziert sein.

Fazit:

Die stabilen Nebenprodukte sind Thallium, Blei und Wismut. Diese Metalle sind besser zu handhaben als Quecksilber: Sie sind bei Raumtemperatur fest, haben keinen Dampfdruck und bilden keine flüchtigen hochgiftigen Verbindungen wie Methylquecksilber oder Sublimat. Sie sind leicht chemisch oder elektrolytisch abtrennbar.

Durch verschiedene Methoden lässt sich das Gold bis zu 100% isolieren, z.B. durch Auflösen des Amalgams und Elektrolyse.

Andere Ausgangsprodukte als metallisches Quecksilber:

Quecksilberabfälle müssten von Elementen, die höhere Neutroneneinfangquerschnitte haben, gereinigt sein.

Quecksilbermineralien wie Zinnober sind Feststoffe und billiger, aber einfacher in einer technischen Anlage umzusetzen ist das flüssige Metall.

4. Anleitung zum Bau einer Anlage

Die Technik der komplexen Kreisläufe erlaubt einen kontinuierlichen Prozess. Dieses System würde es erlauben, größere Mengen an Material umzusetzen.

Es gibt 8 Komponenten in einer technischen Anlage.

A. Die Strahlenquelle, s.o.

B. Zwischen Neutronenquelle und Bestrahlungskammer ist der Behälter für schweres Wasser zur Erzeugung von thermischen Neutronen.

C. Erstes Quecksilberreservoir, das die Bestrahlungskammer versorgt, von hier kann die Bestrahlungsdauer geregelt werden.

D. Die Bestrahlungskammer mit Zu-und Ablauf für flüssiges Quecksilber

E. Abklingbecken für die Reaktionen von Hg-197^m, nach 1 Monat ist die Umwandlung in Gold vollendet.

Die Komponenten A, B, D und E liegen in einem ersten Strahlenschutzbereich, ein Betonmantel und Blei Platten sind notwendig. Ein Strahlenschutzbereich mit geringerer Aktivität gilt für die anderen Komponenten.

F. Einrichtung für die elektrische Isolierung von Gold, Abtrennung von anderen Quecksilber Isotopen, und den Nebenprodukten wie Thallium, Blei und Wismut.

G. Kreislaufsystem: Rücklaufkammer für Quecksilber mit noch nicht vollständig umgesetztem Hg-196.

H. Verbindungteile zwischen den einzelnen Komponenten, Messgeräten und Steuerungssysteme.

Die Feinabstimmung der Parameter dieser Anlage müssen durch Probeläufe ermittelt werden. Auch für Forschungsgruppen an Universitäten und Fachhochschulen wären Versuche im Labormaßstab ein interessantes Betätigungsfeld.

Da Quecksilber ein hohes spezifisches Gewicht von 13,6 bei 20 Grad Celsius hat, hätte eine großtechnische Fabrik für die einmalige Umsetzung von 12 000 Tonnen ein Volumen von 882352,9 Liter. Bei mehrfacher Umsetzung mit 1/10 der Menge liegt das Volumen bei 88235,3 Litern, das ist die Größe einer mittleren Biogasanlage.

Gesundheitsaspekte

Strahlenbelastung

Personal, das mit Radioaktivität hantiert, wird einer Strahlendosis ausgesetzt, die weiter reduziert werden müsste, nach neuesten Erkenntnissen aus der Biochemie ist das überfällig, bisher aber noch nicht in die Gesetzgebung eingeflossen. Die Strahlenbelastung des Personals in einer Anlage ist viel geringer als in einem Atommeiler.

Schwermetall Quecksilber

Quecksilber ist ein Nerven-und Stoffwechselgift, es bildet schwerlösliche Komplexe mit den Schwefelatomen funktioneller Gruppen, besonders in Schwefelhaltigen Aminosäuren, Proteinen und Neurotransmitter. Die Giftwirkung äußert sich in Lähmungserscheinungen des Nervensystems, Bewegungsstörungen, Bewusstseinsstörungen und Stoffwechselstörungen mit Todesfolge. Diese Minamata Krankheit entsteht durch Quecksilberbelastung in Ökosystemen.

Der Umgang mit Quecksilber erfordert in einer Anlage erhöhte Sicherheitsmaßnahmen: Der Dampfdruck des flüssigen Metalls erzeugt Quecksilberdämpfe, die ein hermetisch abgeschlossenes System erfordern, oder durch Kühlung aufgefangen werden müssen.

5. Gründe für einen finanziellen Gewinn aus der Goldsynthese

a. Gold und die Wirtschaft

Gold ist ein Wirtschaftsfaktor. Die aktuelle Lage: Früher waren die Geldwährungen an die Golddepots der Staaten gebunden. In den 60igern wurde es möglich, Gold synthetisch herzustellen, von einer Weiterentwicklung der Synthese des Goldes wurde allerdings abgesehen, um die Finanzmärkte nicht durcheinanderzubringen.
In den 1980igern fand eine Demonetisierung statt, das Gold der Staatsbanken wurde zur Vermögensreserve. Inzwischen hat sich vieles verändert: Die naturwissenschaftlichen Erkenntnisse haben enorm zugenommen, und die Technik hat sich rasant weiterentwickelt. Die weltweite Goldförderung ist gestiegen, die Nachfrage steigt weiter, aber die Ressourcen schwinden: Anfang des Jahres 2009 war Gold "ausverkauft": es war schwierig Gold in größeren Mengen einzukaufen. Inzwischen lohnt es sich, aus 1 Tonne Abraum noch 1 Gramm Gold zu gewinnen. Im Herbst 2008 betraf eine weltweite Finanzkrise alle Gesellschaften und Staaten, die schlimmste seit dem schwarzen Freitag von 1929. Für viele Länder ist die Krise längst noch nicht vorbei. Auch sind die Geldanlagen auf Banken und an der Börse nicht mehr sicher, Immobilien sanken im Wert, auch unter der Matratze gibt es keine Sicherheit: Hyperinflation steht wegen Kreditaufnahmen in schwindelerregender Höhe bevor, die US-Wirtschaft steht mit über 1400 Milliarden Dollar im Minus, nimmt weitere Kredite auf, und druckt Geld. Das bedeutet, dass der Goldpreis weiter steigen wird.

b. Die Förderung von Gold:

Sie liegt zurzeit bei 2 500to pro Jahr. Die Förderarten sind hauptsächlich Cyanidlauge-, oder Quecksilberamalgam Verfahren. Ökologisch und medizinisch ist das katastrophal, wegen der hoch giftigen Abfälle. Inzwischen ist ein umweltfreundliches Verfahren entwickelt worden. Leider hat sich diese Technik noch nicht verbreitet, und die Folge sind ökologische Katastrophen, vor allem in sensiblen Bereichen wie den tropischen Regenwäldern.

c. Die Preise:

Sie schwanken von 200 bis über 1 500 Dollar über die Jahrzehnte. Eine Aussage über die Preisentwicklung ist nicht zu machen. Auch die Angabe, die Regierungen würden den Goldpreis zwischen 800 und 900 Dollar stabilisieren, stimmt nicht.

Die Weltwirtschaft ist ebenfalls nicht unter Kontrolle, auch die Systemtheorie, die Mathematik der Fraktalen Geometrie und Determinanten- und Matrizen Rechnungen liefern keine korrekten Modelle, höchstens Anhaltspunkte für vage Schätzungen. Nach der Systemtheorie befinden wir uns in einem asymptotischen Phasenübergang.

d. Der Bedarf:

-Die industrieller Anwendungen wie zum Beispiel Folien in Satelliten, Computer und sonstige Produkte der IT-Branche, andere Industrien.

-Medizin (z.B. haben Implantate aus Gold keine allergischen Reaktionen zur Folge).

-Spezielle technische und wissenschaftliche Geräte in der Forschung.

-Die Vermögenssicherheit.

-Die Künste verbrauchen weiterhin viel von dem Edelmetall, dazu gehören die Schmuck Industrie, und die Religionen.

-Die Fähigkeit sich von gelbem Metall zu trennen ist psychologisch ein Problem. So horten die Staatenlenker weiterhin über 30 000to Gold im Keller, obwohl sie völlig verschuldet sind.

e. Ökologie:

Ein weiteres Geschäft ist dadurch möglich, dass das Einsammeln von Quecksilber bezahlt wird, und schon das Ausgangsmaterial gewinnbringend ist. Der Einsatz von Quecksilber in Thermometern, Batterien, Lampen usw. ist nach einer Richtlinie von der EU verboten. Der größte Verbrauch von Quecksilber geht auf das Konto der Chlor-Kali Industrie: 75%. Diese Technik sollte schleunigst durch eine andere Methode ersetzt werden. Dass Energie Sparlampen auf Quecksilberbasis ökologisch sinnvoll seien, ist inzwischen als Irrtum erkannt worden.

Berechnung des Gewinns:

Die Menge des herstellbaren Goldes:

Früher war Quecksilber teuer, inzwischen sind die Anwendungen dieses toxischen Materials juristisch stark eingeschränkt worden. Die Folge ist: Es gibt in Deutschland eine Halde von 12 000to Quecksilber. Nach einer EU-Verordnung darf das Material nicht in Ökosysteme eingebrachte werden. Bei einer staatlich betriebenen Anlage wäre das Ausgangsmaterial kostenlos.

Quecksilber enthält 0,146% des Isotops Hg-196, aus 12 000to können 17,52to Gold hergestellt werden.

Bei einem Preis von 1500 Dollar pro Feinunze (31,1 Gramm) sind das für 17to Gold:

17to dividiert durch 31,1 Gramm: 546 623,79 Feinunzen. Multipliziert mit 1500 ergibt das: 820 Millionen Dollar.

Wenn die Unkosten der Anlage mit 100 Millionen Dollar berechnet werden, und die Betriebskosten für Personal, Transport und Energie bei 20 Millionen Dollar liegen, ergibt das den Gewinn von 700 Millionen Dollar für die BRD. Das Quecksilber liegt auf Halde und schlägt nicht mit Unkosten zu Buche. Neutronen Quellen sind schon vorhanden, und kostenlos.

Mit den Quecksilbervorräten in der EU ist man bei der 4fachen Menge an Gold. Die Menge des synthetisch hergestellten Goldes ist proportional zu den Quecksilber Vorräten, weltweit läge man im zweistelligen Milliarden Dollarbereich.

6. Bedeutung der Arbeit für andere Forschungsbereiche:

Die Gold Synthese ist ein Beispiel für die Synthese von Elementen. Die Kenntnis der Quantenalgebra der Isotopen Tabelle mit den Quark Orbitalen und Quark Orbital Kombinationen eröffnet hier neue Möglichkeiten.
Wissenschaftlich gesehen wäre die Synthese von Tantal, Hafnium und seltenen Erden sinnvoller: diese Elemente sind essentiell für die Computerindustrie, und gehen zur Neige. Sie werden an Stelle von Gold verwendet, da sie billiger sind. Andererseits können sie durch Gold teilweise ersetzt werden. Siehe zum Beispiel auch Artikel über das Mineral Coltan und dessen Industrie.

7. Philosophische Betrachtung

In der abendländischen Laboratoriums Alchemie war die künstliche Herstellung von Gold das Hauptziel. In der chinesischen Alchemie war das Ziel die Lebensverlängerung. Dieser Aspekt sollte die erste Priorität haben.

Da die Gesundheit des Lebens Vorrang hat, andererseits auch wirtschaftliche Aspekte in die Überlegungen mit einbezogen sein müssen, sollte der Umgang mit radioaktiven Stoffen auf ein

Mindestmaß reduziert werden. Das gilt auch für Forschungseinrichtungen, und den Einsatz radioaktiver Substanzen in der Radiologie und der Nuklearmedizin.

Bei der Berechnung der finanziellen Bilanz muss vom Bruttosozialprodukt über das Nettosozialprodukt eine neue Größe eingeführt werden: Das Ökosozialprodukt. In die Berechnung des Ökosozialproduktes gehören die Aspekte der Gesundheit!

Außerdem: Man muss nicht alles umsetzen, was technisch möglich ist. Die 700 Millionen Dollar sind bei einer Schuldenlast von 2 Billionen Euro in der BRD nur ein Tropfen auf den heißen Stein. Es ist einfacher Geld zu drucken, der Nachteil ist, dass das Geld an Wert verliert.

Schlussbemerkung:

Da die deutschen Atommeiler bis 2022 abgeschaltet werden, hätten die arbeitslosen Kerntechniker eine Beschäftigung. Bei der Gold Herstellung fällt ein Isotopengemisch von Quecksilber an, das mit schweren Isotopen angereichert ist. Das hat eine höhere Schubkraft in Ionenraketen als das natürliche Material.